AF369762

LE

RÈGNE VÉGÉTAL

ATLAS ICONOGRAPHIQUES

4258

HORTICULTURE

VÉGÉTAUX

D'ORNEMENT

ATLAS ICONOGRAPHIQUE

BIBLIOTHÈQUE — IMPR.

PLANTES ANNUELLES ET BISANNUELLES

POUR PLATES-BANDES.

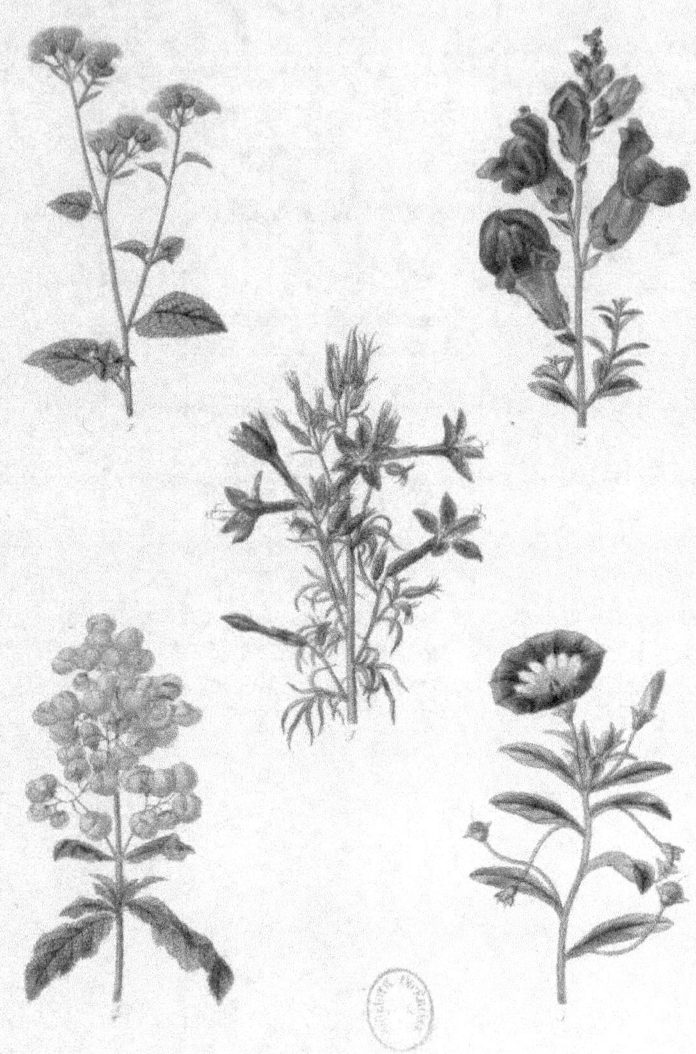

Plantes annuelles et bisannuelles pour plates-bandes

1. Agérate bleue.   3. Lantana ponctué.
2. Chouffier.   4. Calcéolaire rugueuse.
5. Belle de jour.

PLANTES ANNUELLES ET BISANNUELLES

POUR PLATES-BANDES.

1. — COREOPSIS ÉLÉGANT ou DES TEINTURIERS (*Coreopsis elegans*), $^1/_2$ de grandeur naturelle; *page 33.*

2. — ZINNIA ÉLÉGANT ou A GRANDES FLEURS (*Zinnia elegans*), $^1/_2$ de grandeur naturelle; *page 83.*

3. — AMARANTE A QUEUE DE RENARD (*Amarantus caudatus*), $^1/_2$ de grandeur naturelle; *page 12.*

4. — BELLE DE NUIT (*Nyctago hortensis. Mirabilis Jalapa*), $^1/_2$ de grandeur naturelle; *page 62.*

5. — BALSAMINE DES JARDINS (*Balsamina hortensis. Impatiens balsamina*), $^1/_2$ de grandeur naturelle; *page 49.*

Plantes annuelles ou bisannuelles pour plates bandes.

1. Coreopsis elegans
2. Zinnia elegans
3. Amaranthe à queue de Renard
4. Belle de nuit
5. Balsamine des Jardins

PLANTES ANNUELLES ET BISANNUELLES

POUR PLATES-BANDES.

1. — SILÈNE A BOUQUET (*Silene armeria*), $^2/_3$ de grandeur naturelle ; *page* 75.

2. — OENOTHÈRE POURPRE (*OEnothera purpurea*), $^2/_3$ de grandeur naturelle ; *page* 63.

3. — REINE MARGUERITE ou ASTÈRE DE CHINE (*Aster Sinensis*), $^2/_3$ de grandeur naturelle ; *page* 16.

4. — SAINFOIN D'ESPAGNE ou SAINFOIN A BOUQUET (*Hedysarum coronarium*), $^2/_3$ de grandeur naturelle ; *page* 46.

5. — LUPIN ANNUEL, PETIT BLEU ou VARIÉ (*Lupinus varius*), $^2/_3$ de grandeur naturelle ; *page* 53.

Plantes annuelles et bisannuelles pour plates bandes

1. Silene arméria   3. Reine marguerite
2. Oenothère pourpre   4. Lupin d'Espagne
5. Lupin nain

PLANTES ANNUELLES ET BISANNUELLES

POUR PLATES-BANDES.

---

1. — BARTONIE DORÉE (*Bartonia aurea*), $^2/_3$ de grandeur naturelle ; *page* 18.

2. — OEILLET DE CHINE (*Dianthus Sinensis*), $^2/_3$ de grandeur naturelle ; *page* 37.

3. — ESCHOLTZIE DE CALIFORNIE (*Escholtzia Californica*), $^2/_3$ de grandeur naturelle ; *page* 40.

4. — AMARANTOIDE ou IMMORTELLE VIOLETTE (*Gomphrena globosa*), $^2/_3$ de grandeur naturelle ; *page* 45.

5. — PERSICAIRE INDIGOTIÈRE ou DES TEINTURIERS (*Polygonum tinctorium*), $^2/_3$ de grandeur naturelle ; *page* 69.

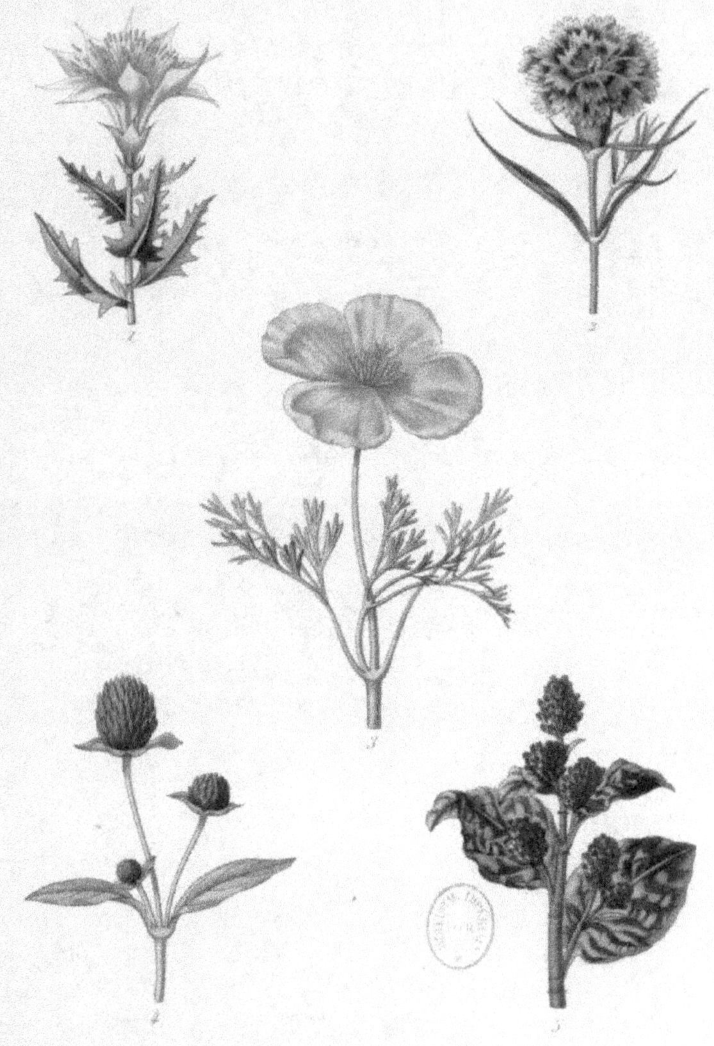

Plantes annuelles et bisannuelles pour plates-bandes.

1. Bartonie dorée
2. Œillet de Chine
3. Eschscholtzie de Californie
4. Amaranthoïde
5. Persicaire indigotière

PLANTES ANNUELLES ET BISANNUELLES

POUR PLATES-BANDES.

1. — CACALIE A FEUILLES HASTÉES (*Cacalia sagittata*), $^2/_3$ de grandeur naturelle ; *page* **20**.

2. — SCABIEUSE (*Scabiosa atropurpurea*), $^2/_3$ de grandeur naturelle ; *page* **73**.

3. — SOUCI DES JARDINS (*Calendula officinalis*), $^2/_3$ de grandeur naturelle , *page* **22**.

4. — SALPIGLOSSIS VARIABLE (*Salpiglossis sinuata*), $^2/_3$ de grandeur naturelle ; *page* **71**.

5 — RHODANTHE DE MANGLES (*Rhodanthe Manglesii*), $^2/_3$ de grandeur naturelle ; *page* **70**.

Maubert pinx.t   Paris, Imp.e de Lemercier r. S.t Jacques, 72.   Lebrun sculp.

PLANTES ANNUELLES ET BISANNUELLES

POUR PLATES-BANDES.

1. — THLASPI A OMBELLE ou IBÉRIDE (*Iberis umbellata*), $^2/_3$ de grandeur naturelle ; *page* 48.

2. — CALANDRINE EN OMBELLE (*Calandrinia umbellata*), $^2/_3$ de grandeur naturelle ; *page* 20.

3. — COQUELOURDE ou LYCHNIDE ROSE DU CIEL. *Lychnis cœli rosa*), $^2/_3$ de grandeur naturelle ; *page* 82.

4. — HÉLICHRYSE A BRACTÉES (*Helichrysum bracteatum*), $^2/_3$ de grandeur naturelle ; *page* 47.

5. — NIGELLE D'ESPAGNE (*Nigella Hispanica*), $^2/_3$ de grandeur naturelle ; *page* 62.

Paris, imp.ᵉ Lemercier, r. de Seine, 57.

PLANTES ANNUELLES ET BISANNUELLES

POUR PLATES-BANDES.

1. — PÉTUNIE ODORANT (*Petunia nyctaginiflora*), $^2/_3$ de grandeur naturelle ; *page* 67.

2. — GIROFLÉE DES JARDINS ou RAVENELLE (*Cheiranthus cheiri*), $^2/_3$ de grandeur naturelle ; *page* 27.

3. — CLARKIE A FEUILLES DÉCOUPÉES (*Clarkia pulchella*), $^2/_3$ de grandeur naturelle ; *page* 30.

4. — LAVATÈRE A GRANDES FLEURS (*Lavatera trimestris*), $^2/_3$ de grandeur naturelle ; *page* 54.

5. — MALOPE A TROIS LOBES (*Malope trifida*), $^2/_3$ de grandeur naturelle ; *page* 55.

Plantes annuelles et bisannuelles pour plates-bandes

1. Petunia nyctagyniflora 3. Clarkée a f.^{lles} découpées
2. Giroflée des jardins. 4. Lavatère à G.^{des} fleurs
5. Malope à 3 lobes

Raybaud pinxit. Paris Imp.^{rie} de Lemercier, r.^e de Seine 57. Lepreux sculp.^t

PLANTES ANNUELLES ET BISANNUELLES

POUR PLATES-BANDES.

1. — XÉRANTHÈME ANNUELLE (*Xeranthemum annuum*), $^2/_3$ de grandeur naturelle ; *page* 83.

2. — SÉNEÇON ÉLÉGANT (*Senecio elegans*), $^2/_3$ de grandeur naturelle ; *page* 75.

3. — PAVOT DOUBLE ou DES JARDINS (*Papaver somniferum*), $^2/_3$ de grandeur naturelle ; *page* 66.

4. — OEILLET D'INDE ÉTALÉ (*Tagetes patula*), $^2/_3$ de grandeur naturelle ; *page* 78.

5. — PENSÉE (*Viola tricolor*), $^2/_3$ de grandeur naturelle ; *page* 81.

Plantes annuelles et bisannuelles pour plates bandes.

1. Xéranthème annuelle.   3. Pavot double.
2. Séneçon élégant.   4. Oeillet d'Inde étalé.
5. Pensée.

PLANTES POUR BORDURES

Bouchard pinx.   Paris Imp. de Lemercier et C.ie Bquevin 58   Leblond sculp.

PLANTES POUR BORDURES

1. — HÉLIANTHÈMES (*Helianthemum vulgare*), $^2/_3$ de grandeur naturelle; *page* 92.

2. — CORYDALE JAUNE (*Corydalis lutea*), $^2/_3$ de grandeur naturelle; *page* 89.

3. — LINAIRE BIPARTITE (*Linaria bipartita*), $^2/_3$ de grandeur naturelle; *page* 95.

4. — SILÈNE A FLEURS ROSES (*Silene bipartita*), $^2/_3$ de grandeur naturelle; *page* 102.

5. — OXALIS DE DEPPE (*Oxalis Deppei*), $^2/_3$ de grandeur naturelle; *page* 95.

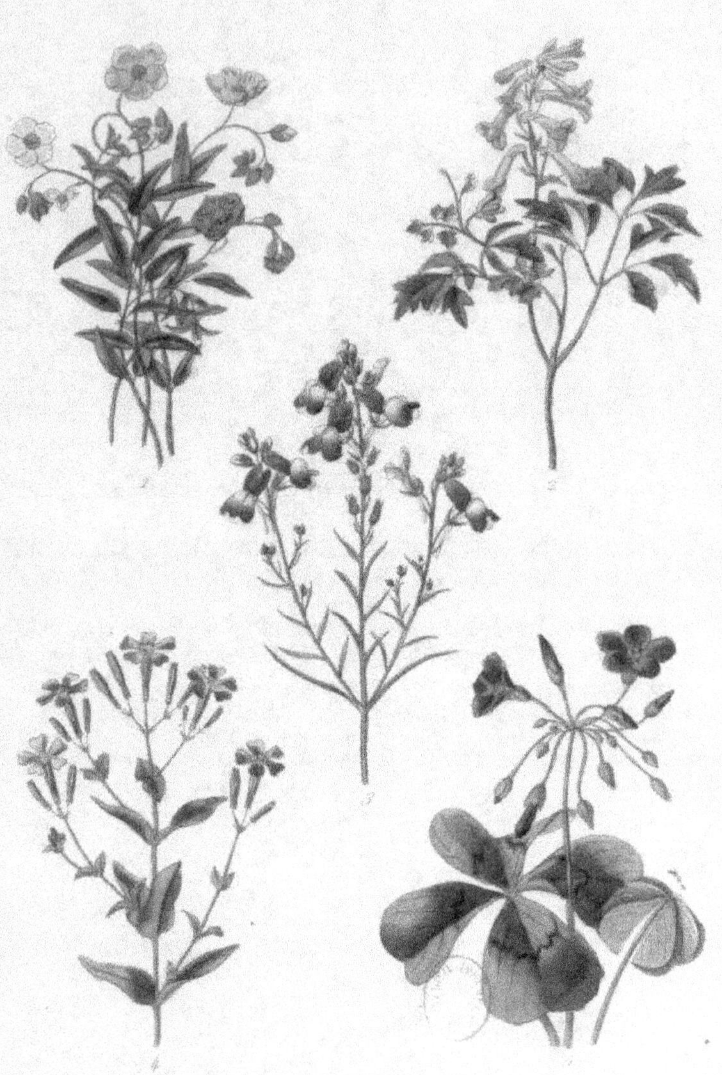

Plantes pour les bordures.

1. Hélianthème.
2. Corydale jaune.
3. Linaire bipartite.
4. Silène à fleurs...
5. Oxalis de Deppe.

PLANTES POUR BORDURES

1. — NÉMOPHILE REMARQUABLE (*Nemophila insignis*) , $\frac{1}{2}$ de grandeur naturelle ; *page* 97.

2. — LEPTOSIPHON A FLEURS D'ANDROSACE (*Leptosiphon androsaceus*), $\frac{1}{2}$ de grandeur naturelle ; *page* 94.

3. — PIED D'ALOUETTE NAIN (*Delphinium Ajacis*), $\frac{1}{2}$ de grandeur naturelle ; *page* 89.

4. — CRÉPIDE ROSE (*Crepis rubra. Barkhausia rubra*), $\frac{1}{2}$ de grandeur naturelle ; *page* 89.

5. — POURPIER A GRANDES FLEURS (*Portulaca grandiflora*), $\frac{1}{2}$ de grandeur naturelle ; *page* 99.

Plantes pour bordures

1 Némophile remarquable. 3 Pied d'Alouette nain
2 Leptosiphon androsaceus 4 Crepis rose
5 Portulaca grandiflora

PLANTES VIVACES

DE PLEINE TERRE.

1. — DRACOCÉPHALE DE VIRGINIE (*Dracocephalum Virginianum*), $^2/_3$ de grandeur naturelle ; *page* 126.

2. — LOBÉLIE CARDINALE (*Lobelia cardinalis*), $^2/_3$ de grandeur naturelle ; *page* 136.

3. — VÉRONIQUE A ÉPI (*Veronica spicata*), $^2/_3$ de grandeur naturelle ; *page* 159.

4. — POLÉMOINE BLEUE ou VALÉRIANE GRECQUE (*Polemonium cœruleum*), $^2/_3$ de grandeur naturelle ; *page* 148.

5. — ALSTRÉMÈRE (*Alstrœmeria psittacina*), $^2/_3$ de grandeur naturelle ; *page* 107.

> Bien qu'appartenant à une famille qui renferme beaucoup de plantes bulbeuses, l'Alstrémère a des racines tubéreuses comme le dahlia, la renoncule, l'anémone ; c'est ce qui nous la fait ranger parmi les plantes vivaces de pleine terre.

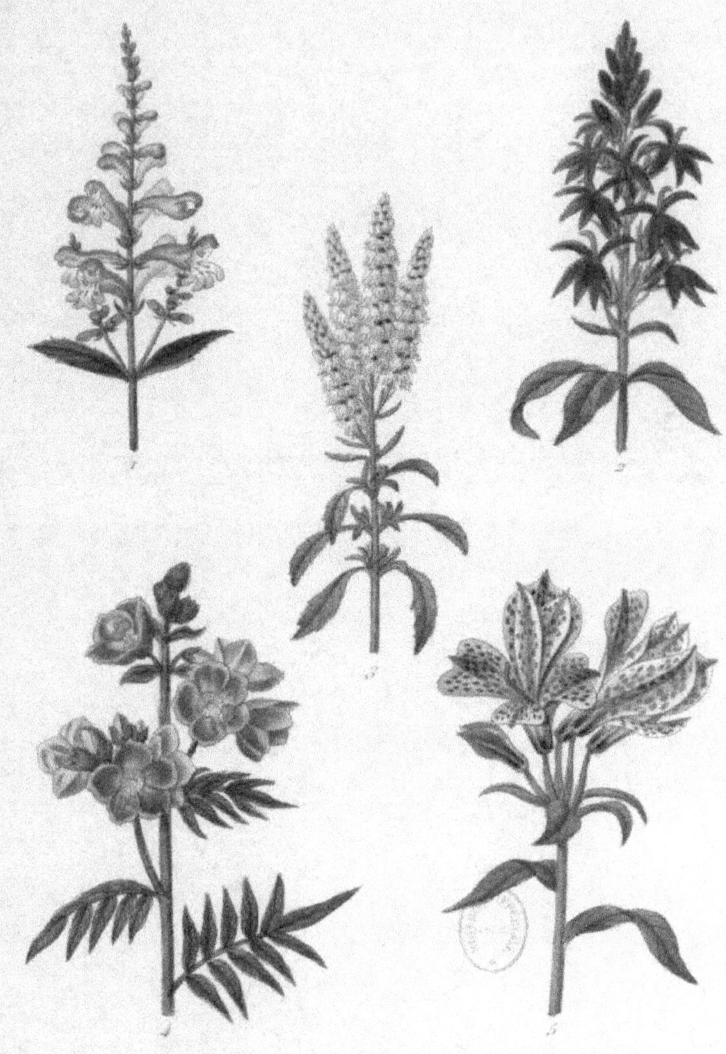

Plantes vivaces de pleine terre.

1. Dracocéphale de Virginie   3. Véronique à épi
2. Lobélie cardinale   4. Polémoine bleue
5. Alstroemère

Maubert pinx.t   Paris, Imp.te de Lemercier & S.te Marguerite 71.   Lebrun sculp.t

PLANTES VIVACES

DE PLEINE TERRE.

1. — VALÉRIANE ROUGE (*Centranthus ruber. Valeriana rubra*), $^2/_3$ de grandeur naturelle ; *page* 117.

2. — HÉLIOTROPE DE VOLTAIRE (*Heliotropium Voltairianum*), $^2/_3$ de grandeur naturelle ; *page* 133.

3. — LINAIRE POURPRE (*Linaria triornitophora*), $^2/_3$ de grandeur naturelle ; *page* 135.

4. — CAMPANULE NOBLE (*Campanula nobilis*), $^2/_3$ de grandeur naturelle ; *page* 115.

5. — BUGLOSSE TOUJOURS VERTE (*Anchusa sempervirens*), $^2/_3$ de grandeur naturelle ; *page* 108.

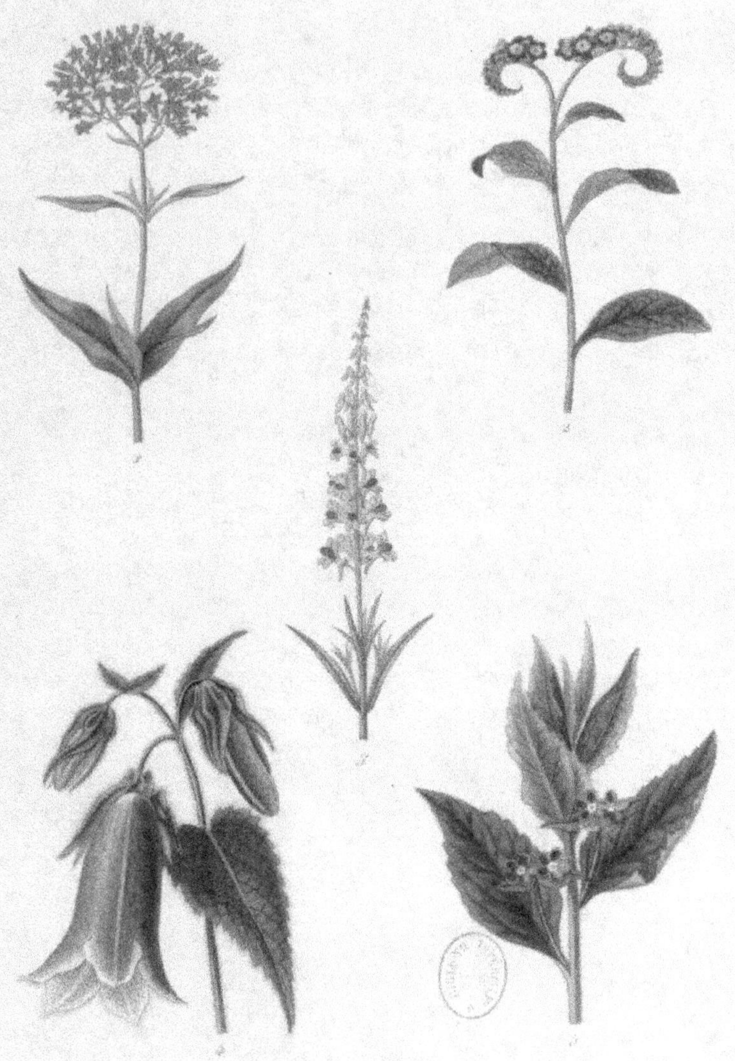

Plantes vivaces de pleine terre.

1. Valériane rouge   4. Raiponce japonaise
2. Héliotrope de l'ellérie   5. Campanule noble
3. Bouphtalme grandi-vert

PLANTES VIVACES

DE PLEINE TERRE.

1. — CHIRONIE A FEUILLES EN CROIX (*Chironia decussata*), $^2/_3$ de grandeur naturelle ; *page* 117.

2. — ASTÈRE OEIL DU CHRIST (*Aster amellus. A. Oculus Christi*), $^2/_3$ de grandeur naturelle ; *page* 112.

3. — STÉVIE POURPRE (*Stevia purpurea*), $^2/_3$ de grandeur naturelle ; *page* 156.

4. — GAILLARDE VIVACE (*Gaillardia perennis*), $^2/_3$ de grandeur naturelle ; *page* 129.

5. — ANÉMONE DU JAPON (*Anemone Japonica. Clematis polypetala*), $^2/_3$ de grandeur naturelle ; *page* 109.

Plantes vivaces de pleine terre

1. Lichenée à f.lles en croix   3. Étoilée pourpre
2. Astéroïde de Christ.   4. Gaillarde vivace.
          5. Anémone du Japon

PLANTES VIVACES

DE PLEINE TERRE.

1. — ANCOLIE DE SKINNER (*Aquilegia Skinneri*), $^2/_3$ de grandeur naturelle ; *page* 111.

2. — FUCHSIA ÉCARLATE (*Fuchsia coccinea*), $^2/_3$ de grandeur naturelle ; *page* 128.

> Nous rangeons dans ce livre, au point de vue de la culture d'ornement, le Fuchsia parmi les végétaux vivaces, parce qu'on le cultive aujourd'hui comme tel au moyen de boutures ; autrement cette plante appartiendrait aux arbustes.

3. — CINÉRAIRE VARIÉTÉ PERFECTION (*Cineraria cruenta*), $^2/_3$ de grandeur naturelle ; *page* 119.

4. — OEILLET DES FLEURISTES (*Dianthus caryophyllus*), $^2/_3$ de grandeur naturelle ; *page* 123.

5 — VERVEINE A FEUILLES DE CHAMÆDRYS (*Verbena chamædrifolia*), $^2/_3$ de grandeur naturelle ; *page* 158

Plantes vivaces de pleine terre.

1. Aucolie de Skinner   3. Cinéraire var. Perfection
2. Fuchsia coccinea   4. Œillet des fleuristes
          5. Veronica a f.lles de Chamaedrys.

PLANTES VIVACES DE PLEINE TERRE

1. — POTENTILLE AGRÉABLE (*Potentilla amœna*), $^2/_3$ de grandeur naturelle ; *page* 148.

2. — BARBEAU VIVACE ou CENTAURÉE DE MONTAGNE (*Centaurea montana*), $^2/_3$ de grandeur naturelle ; *page* 116.

3. — MIMULE MUSQUÉ (*Mimulus moschatus*), $^2/_3$ de grandeur naturelle ; *page* 139.

4. — SAXIFRAGE DE SIBÉRIE (*Saxifraga crassifolia*), $^2/_3$ de grandeur naturelle ; *page* 242.

5. — LYCHNIDE DE CHALCÉDOINE (*Lychnis Chalcedonica*), $^2/_3$ de grandeur naturelle ; *page* 137.

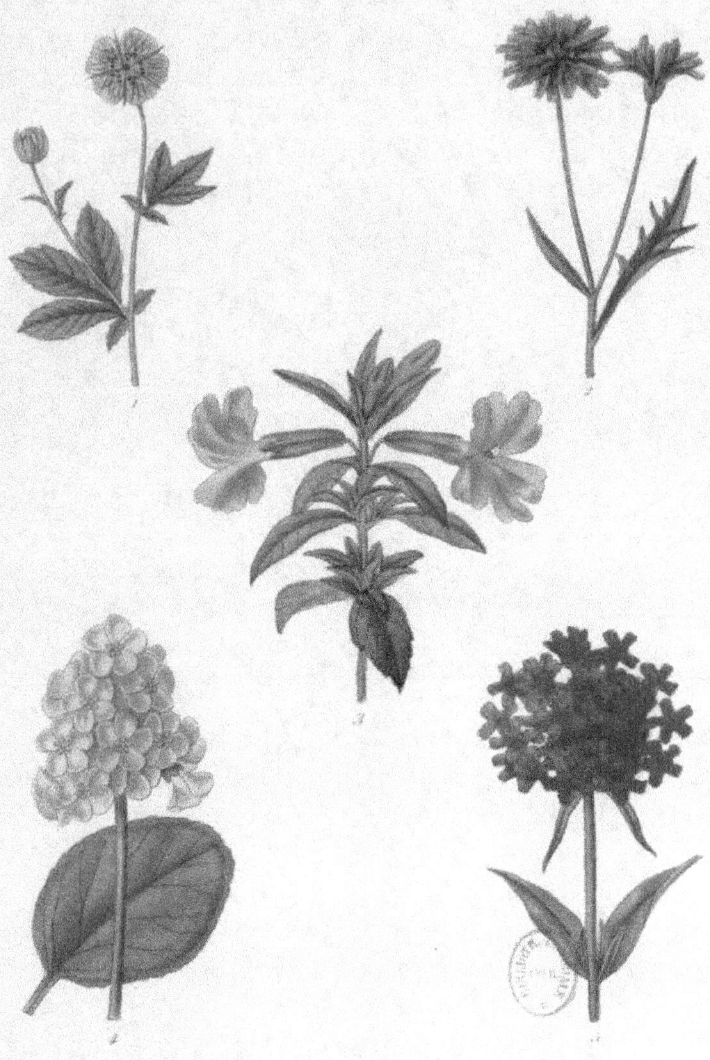

Plantes vivaces de pleine terre.

1. Potentille agréable   3. ...ula musquée
2. Barbeau vivace   4. Saxifrage de lierre
5. Lychnide de Chalcédoine

PLANTES VIVACES DE PLEINE TERRE

1. — PRIMEVÈRE DE CHINE (*Primula Sinensis*), $^2/_3$ de grandeur naturelle ; *page* 149.

2. — CYCLAMEN D'EUROPE (*Cyclamen Europæum*), $^3/_2$ de grandeur naturelle ; *page* 120.

3. — SAUGE CARDINALE (*Salvia cardinalis*, *Salvia fulgens*), $^2/_3$ de grandeur naturelle ; *page* 152.

4. — DAHLIA (*Dahlia variabilis*), $^1/_2$ de grandeur naturelle ; *page* 121.

5. — CHRYSANTHÈME DES JARDINS (*Chrysanthemum Indicum*), $^1/_4$ de grandeur naturelle ; *page* 118.

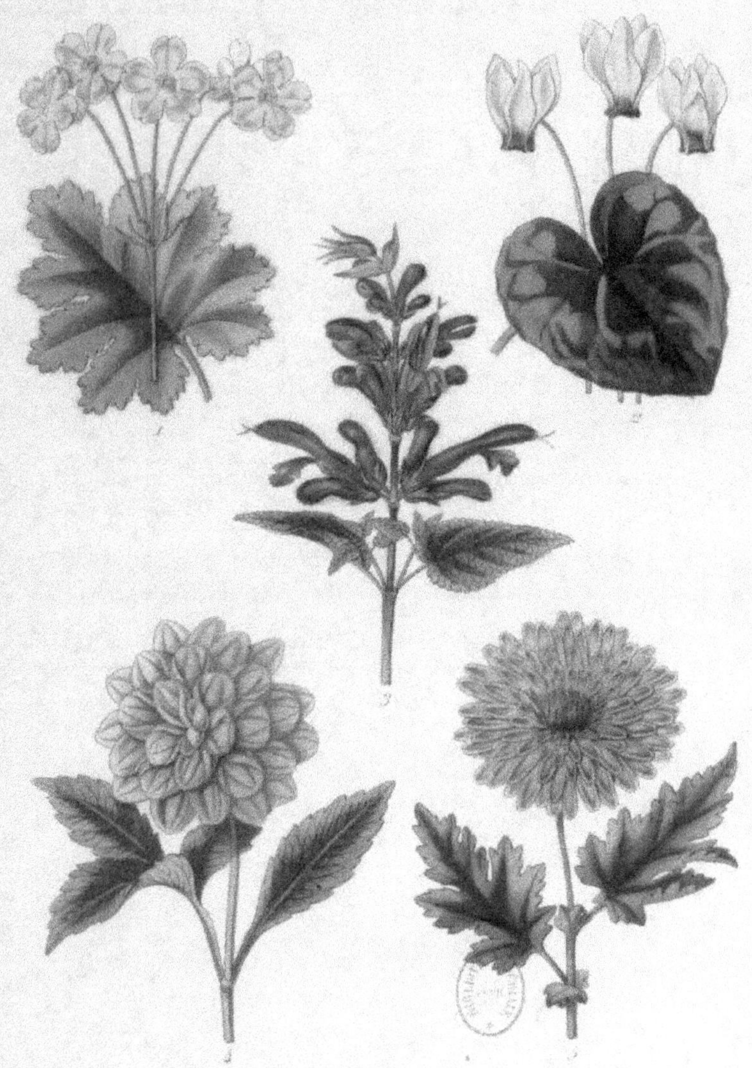

Plantes vivaces de pleine terre.

1 Primevère de Chine   3 Sauge cardinale
2 Cyclamen d'Europe   4 Dahlia
5 Chrysanthème des jardins

PLANTES BULBEUSES

---

1. — PERCE-NEIGE, GALANT DES NEIGES (*Galanthus nivalis*), $^2/_3$ de grandeur naturelle ; *page* 174.

2. — MUGUET (*Convallaria maialis*), $^2/_3$ de grandeur naturelle ; *page* 170.

3. — AIL MOLY ou DORÉ (*Allium moly*), $^2/_3$ de grandeur naturelle ; *page* 162.

4. — SCILLE A DEUX FEUILLES (*Scilla bifolia*), $^2/_3$ de grandeur naturelle ; *page* 187.

5. — SCILLE PENCHÉE ou PETITE JACINTHE (*Scilla nutans*, *Agraphis patula*), $^2/_3$ de grandeur naturelle ; *page* 188.

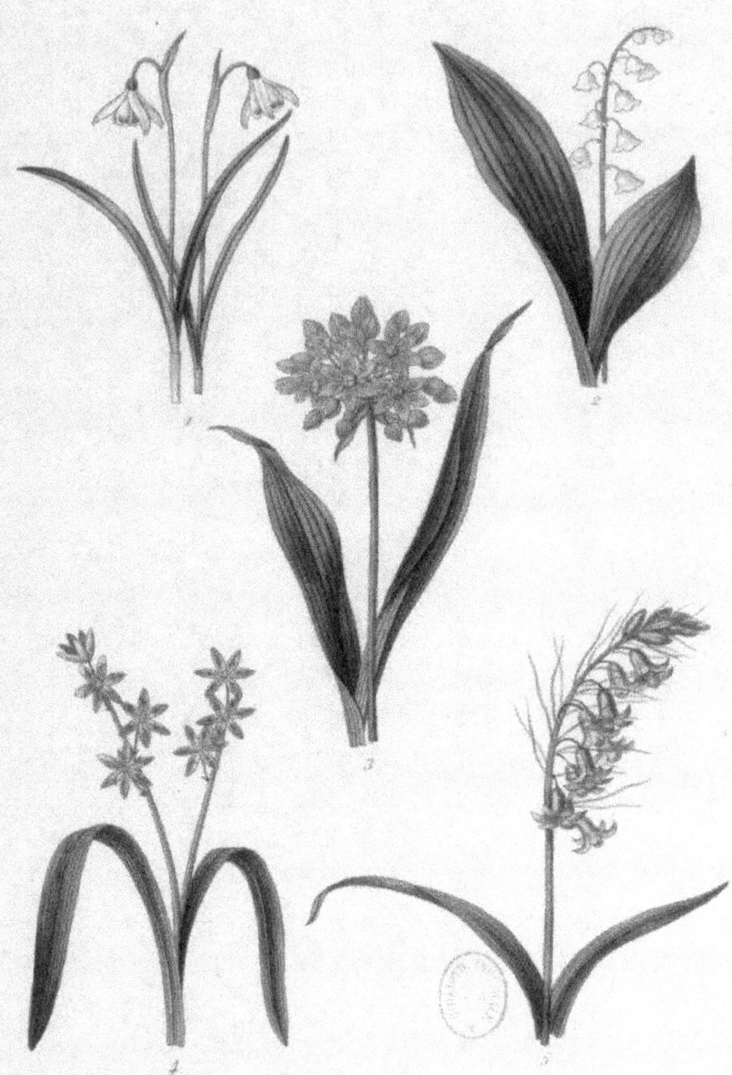

Plantes bulbeuses

1. Perce neige   3. Ail moly
2. Muguet   4. Scille à feuilles
        5. Scille penchée

PLANTES BULBEUSES

1. — GLAIEUL CARDINAL (*Gladiolus cardinalis*), $^1/_8$ de grandeur naturelle ; *page* 174.

2. — CROCUS DES FLEURISTES ou SAFRAN PRINTANIER (*Crocus vernus*), $^1/_2$ de grandeur naturelle ; *page* 171.

3. — LIS DE SAINT-JACQUES ou AMARYLLIS SUPERBE (*Amaryllis formosissima*), $^1/_2$ de grandeur naturelle ; *page* 164.

4. — AMARYLLIS BELLADONE (*Amaryllis belladona*), $^1/_4$ de grandeur naturelle ; *page* 164.

5. — LIS SUPERBE (*Lilium superbum*), $^1/_2$ de grandeur naturelle ; *page* 181.

Plantes bulbeuses
1 Glaïeul cardinal   3 Lis St Jacques
2 Crocus vernus   4 Amaryllis belladonne
5 Lis superbe

PLANTES BULBEUSES

1. — JACINTHE (*Hyacinthus orientalis*), $^2/_3$ de grandeur naturelle ; *page* 177.

2. — MUSCARI CHEVELU (*Muscari comosum*), $^2/_3$ de grandeur naturelle ; *page* 183.

3. — IRIS XIPHIOÏDE ou D'ANGLETERRE (*Iris xiphioïdes*), $^2/_3$ de grandeur naturelle ; *page* 177.

4. — COLCHIQUE D'AUTOMNE (*Colchicum autumnale*), $^2/_3$ de grandeur naturelle ; *page* 170.

5. — TULIPE SAUVAGE (*Tulipa sylvestris*), $^2/_3$ de grandeur naturelle ; *page* 193.

Plantes bulbeuses.

1. Jacinthe.   3. Iris Xiphioïdes.
2. Muscari à bouche   4. Colchique d'Automne
5. Tulipe sauvage

PLANTES BULBEUSES

1. — NARCISSE DES POÈTES (*Narcissus poeticus*), $^2/_3$ de grandeur
naturelle ; *page* 183.

2. — JONQUILLE (*Narcissus Jonquilla*), $^1/_2$ de grandeur naturelle ;
page 184.

3. — IRIS XIPHION ou D'ESPAGNE (*Iris xiphium*), $^1/_2$ de grandeur
naturelle ; *page* 178.

4. — LIS ORANGÉ (*Lilium croceum*), $^1/_2$ de grandeur naturelle ;
page 181.

5. — LIS MARTAGON (*Lilium martagon*), $^1/_2$ de grandeur naturelle ;
page 182.

Plantes bulbeuses.

1. Narcisse des Poètes   3. Iris Xiphium
2. Jonquille   4. Lis Orangé
5. Lis Martagon

Huet pinx.   Paris, impr. de Lemercier, rue de Seine, 57.   Lebrun sculp.

PLANTES AQUATIQUES

1. — SAGITTAIRE (*Sagittaria sagittifolia*), $^1/_2$ de grandeur naturelle; *page* 209.

2. — PLANTAIN D'EAU (*Alisma plantago*), $^1/_2$ de grandeur naturelle; *page* 197.

3. — NÉNUPHAR BLANC ou LIS D'ÉTANG (*Nymphæa alba*), $^1/_3$ de grandeur naturelle; *page* 205.

4. — BUTOME ou JONC FLEURI (*Butomus umbellatus*), $^1/_2$ de grandeur naturelle; *page* 198.

5. — IRIS DES MARAIS (*Iris pseudo-acorus*), $^1/_3$ de grandeur naturelle; *page* 202.

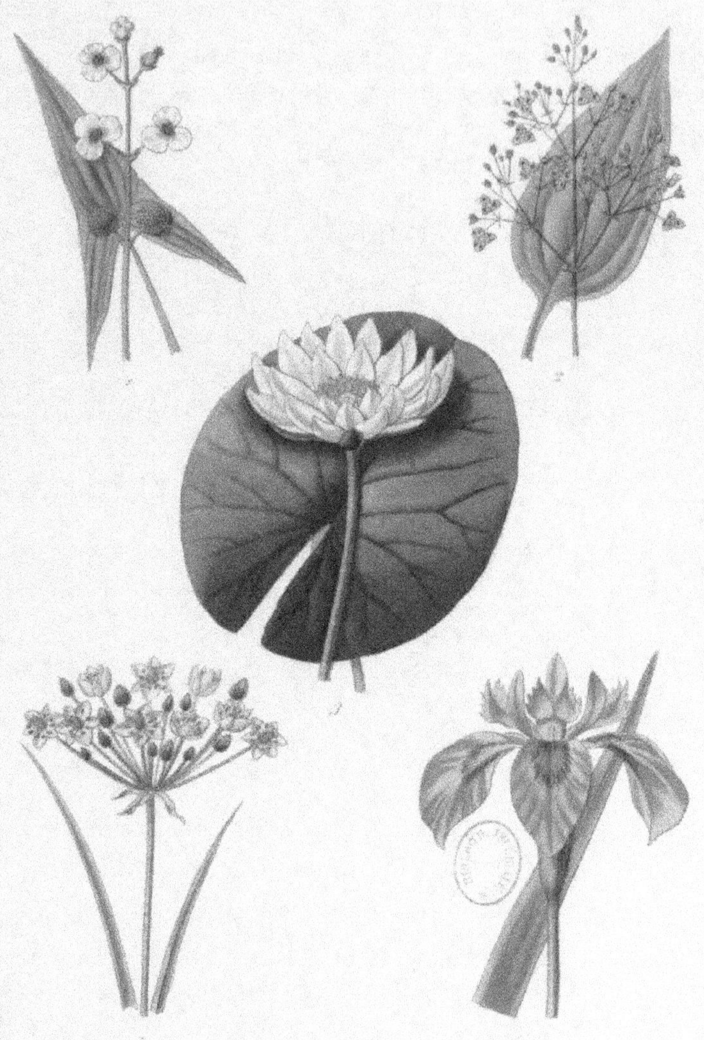

Plantes aquatiques
1. Sagittaire   3. Nénuphar blanc
2. Plantain d'eau 4. Butome
5. Iris des marais

PLANTES AQUATIQUES

1. — RENONCULE LANGUE (*Ranunculus lingua*), $^1/_2$ de grandeur naturelle ; *page* 207.

2. — TRÈFLE D'EAU (*Menyanthes trifoliata*), $^1/_2$ de grandeur naturelle ; *page* 204.

3. — CALTHA DES MARAIS ou SOUCI D'EAU (*Caltha palustris*), $^1/_2$ de grandeur naturelle ; *page* 198.

4. — MASSETTE ou ROSEAU DES ÉTANGS (*Typha latifolia*), $^1/_8$ de grandeur naturelle ; *page* 211.

5. — SALICAIRE (*Lythrum salicaria, Salicaria vulgaris*), $^1/_2$ de grandeur naturelle ; *page* 203.

Plantes aquatiques.

1. Renoncule langue. 3. Caltha des marais.
2. Trèfle d'eau. 4. Massette.
5. Salicaire.

Mathet pinx.t   Paris Imp.rie de Langlois r. St Jacques 33   Leberce sculp.t

PLANTES AQUATIQUES.

1. — MYOSOTIS DES MARAIS (*Myosotis palustris*), $^1/_2$ de grandeur naturelle ; *page* 204.

2. — PHALARIS RUBANÉ ou RUBAN DE BERGÈRE (*Phalaris arundinacea*), $^1/_2$ de grandeur naturelle ; *page* 206.

3. — RENOUÉE AMPHIBIE (*Polygonum amphibium*), $^2/_2$ de grandeur naturelle ; *page* 207.

4. — ÉPILOBE VELU (*Epilobium hirsutum*), $^1/_2$ de grandeur naturelle ; *page* 200.

5. — HOTTONIE DES MARAIS (*Hottonia palustris*), $^1/_2$ de grandeur naturelle ; *page* 201.

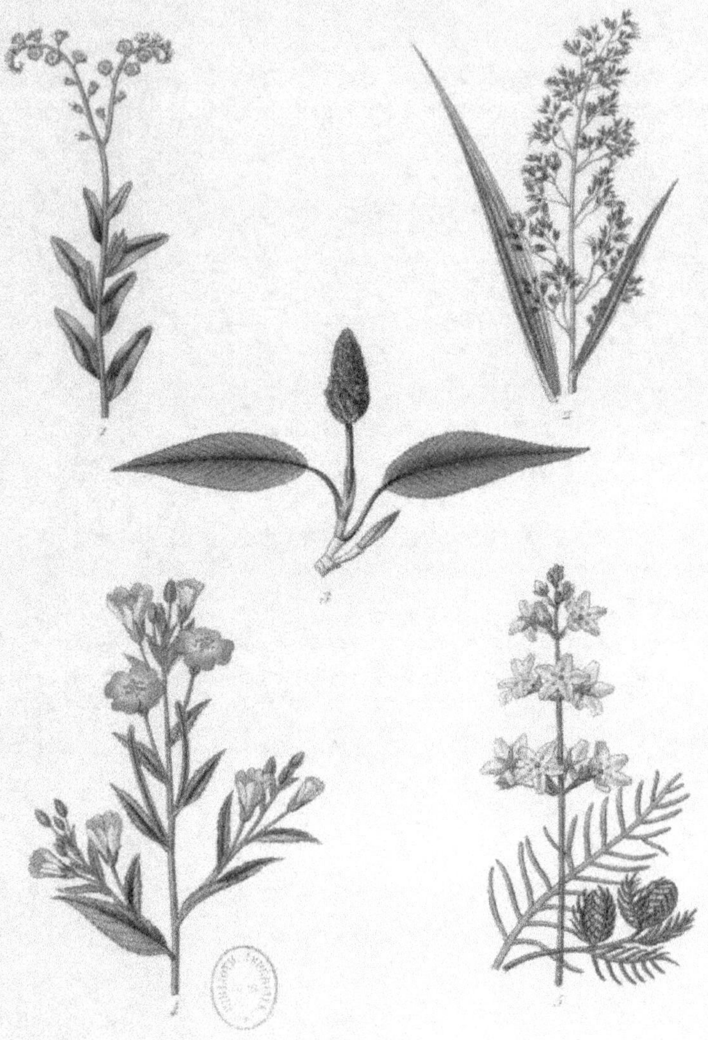

Plantes aquatiques.

1 Myosotis des marais 3 Renouée amphibie
2 Phalaris ruban 4 Épilobe velu
5 Bettoine des marais

PLANTES GRIMPANTES.

1. — LOPHOSPERME A FLEURS ROSES (*Lophospermum erubescens*), $^2/_3$ de grandeur naturelle ; *page* 227.

2. — MAURANDIE DE BARCLAY (*Maurandia Barclayana*), $^2/_3$ de grandeur naturelle ; *page* 228.

3. — CLÉMATITE A FLEURS BLEUES (*Clematis viticella*), $^2/_3$ de grandeur naturelle ; *page* 216.

4. — PASSIFLORE A FLEURS BLEUES ou FLEUR DE LA PASSION (*Passiflora cœrulea*), $^2/_3$ de grandeur naturelle ; *page* 229.

5. — CALYSTÉGIE A FLEURS DOUBLES (*Calystegia pubescens*), $^2/_3$ de grandeur naturelle ; *page* 215.

Plantes grimpantes.
1. Lophosperme à fl. roses   3. Clématite à fl. bleues
2. Maurandie de Barclay   4. Passiflore à fl. bleue
5. Calystégie à fl. doubles

PLANTES GRIMPANTES.

1. — ROSE DE BANKS (*Rosa Banksiana*), $^2/_3$ de grandeur naturelle; *page* 230.

2. — POIS DE SENTEUR (*Lathyrus odoratus*), $^2/_3$ de grandeur naturelle; *page* 225.

3. — GLYCINE DE CHINE (*Glycine Sinensis*), $^1/_2$ de grandeur naturelle; *page* 223.

4. — CHÈVRE-FEUILLE (*Lonicera caprifolium*), $^2/_3$ de grandeur naturelle; *page* 226.

5. — COBEA GRIMPANT (*Cobæa scandens*), $^1/_2$ de grandeur naturelle; *page* 219.

Paris, Imp.ie de Lemercier & C.ie rue de Seine.

PLANTES GRIMPANTES.

1. — THUNBERGIE AILÉE (*Thunbergia alata*), $^1/_2$ de grandeur naturelle ; *page* 233.

2. — VOLUBILIS (*Ipomœa purpurea. Convolvulas mutabilis*), $^1/_2$ de grandeur naturelle ; *page* 224.

3. — TECOMA ou JASMIN DE VIRGINIE (*Tecoma radicans*) $^2/_3$ de grandeur naturelle ; *page* 232.

Plantes grimpantes

1. Thunbergia ailée   3. Volubilis
2. Cobæa de Virginie

PLANTES GRASSES.

1. — CRASSULE SPATULÉE (*Crassula spatulata*), ¹/₂ de grandeur
naturelle; *page* **238**.

2. — ROCHÉA A FEUILLES EN FAUX (*Rochea falcata*), ¹/₂ de grandeur naturelle; *page* **241**.

3. — CIERGE MAGNIFIQUE (*Cereus speciosissimus. Cactus*), ¹/₃ de
grandeur naturelle; *page* **236**.

4. — ÉPIPHYLLE D'ACKERMANN (*Epiphyllum Ackermanni*), ¹/₂ de
grandeur naturelle; *page* **239**.

5. — CIERGE FOUET (*Cereus. Cactus flagelliformis*), ¹/₂ de grandeur
naturelle; *page* **236**.

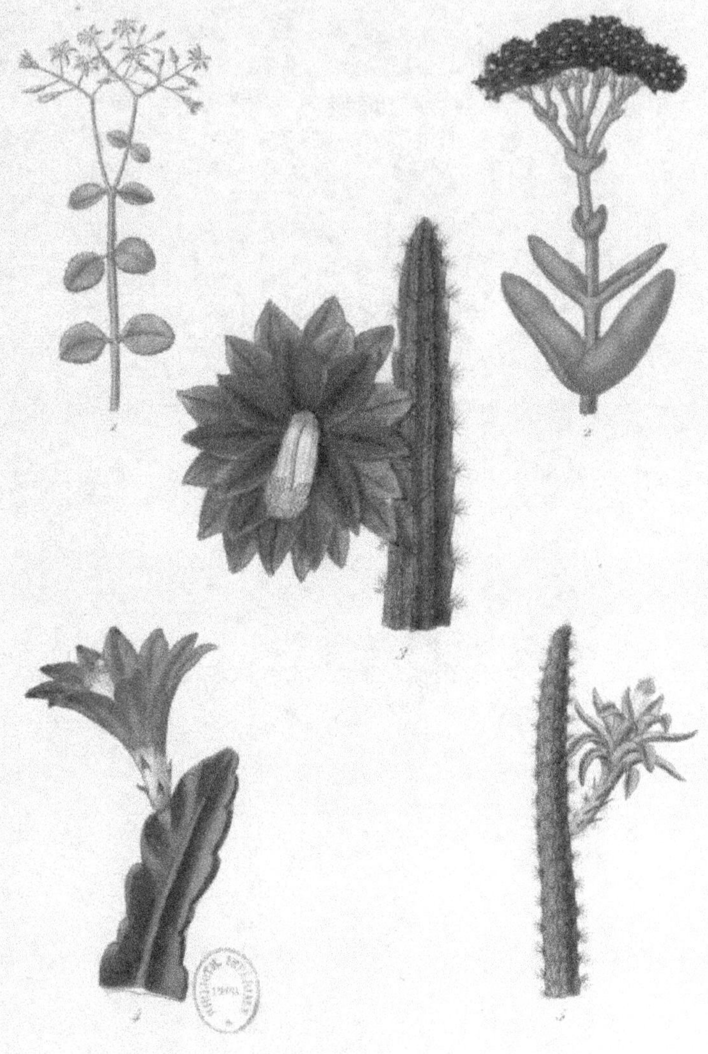

Rodier pinx.   Paris, Imp.ᵉ de Lemercier et St Jacques 71.   Lebrun sculp.ᵗ

ARBRES.

Arbres

1 Marronier d'Inde   3 Cytise des Alpes
2 Arbre de Judée   4 Catalpa
5 Paulownia imperialis

Paris, Imp. de Lemercier, r. de Seine, 57.

ARBRES.

1. — ROBINIER A FLEURS ROSES (*Robinia viscosa*), $^1/_3$ de grandeur naturelle ; *page* 289.

2. — TULIPIER (*Liriodendron tulipifera*), $^1/_3$ de grandeur naturelle ; *page* 277.

3. — PAVIA A FLEURS ROUGES (*Pavia rubra. Æsculus pavia*), $^1/_3$ de grandeur naturelle ; *page* 283.

4. — PAVIA JAUNE (*Pavia lutea. Pavia flava*), $^1/_3$ de grandeur naturelle ; *page* 283.

5. — MARRONNIER A FLEURS ROUGES (*Æsculus rubicunda*), $^1/_3$ de grandeur naturelle ; *page* 248.

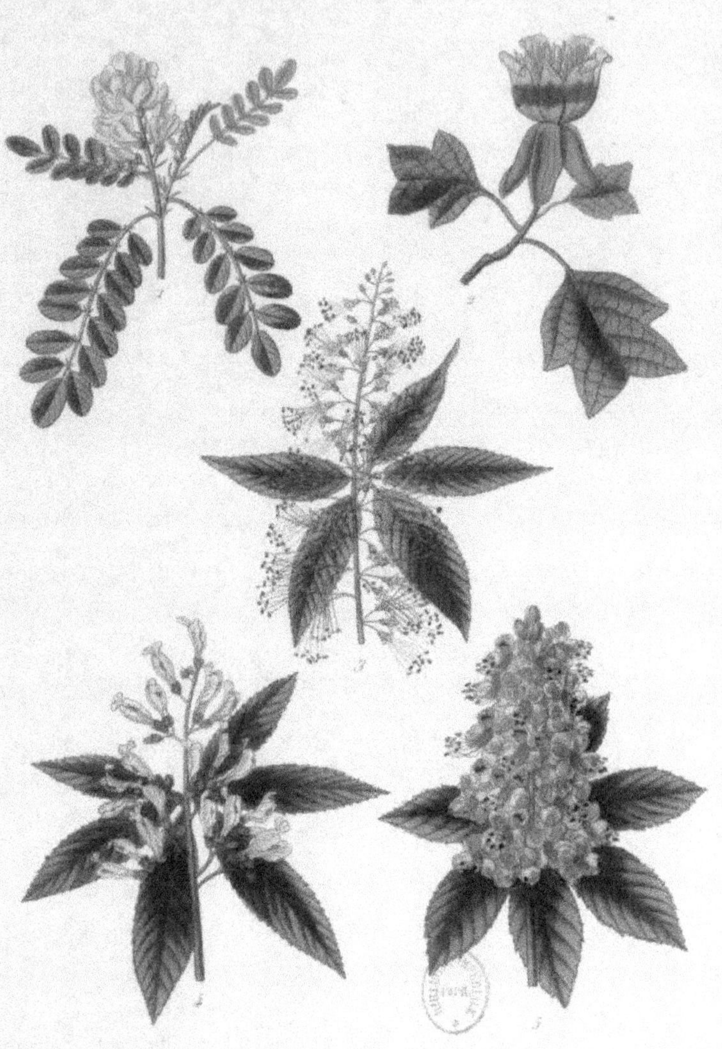

Arbres

1. Robinier visqueux.   3. Parvia macrostachya
2. Tulipier.   4. ——— lutea
5. Marronnier d'Inde.

Maubert pinxt.   Paris, Imp. Rouvier, rue S.t Jacques N.o 31.   Leblanc sculpt.

ARBRES.

1. — ROBINIER FAUX ACACIA (*Robinia pseudo-acacia*), $^1/_2$ de grandeur naturelle ; *page* 289.

2. — VIRGILIER A BOIS JAUNE (*Cladrastis tinctoria. Virgilia lutea*), $^1/_2$ de grandeur naturelle ; *page* 264.

3. — FUSAIN D'EUROPE (*Evonymus Europæus*), $^1/_2$ de grandeur naturelle , *page* 268.

4. — HOUX (*Ilex aquifolium*), $^1/_2$ de grandeur naturelle ; *page* 274.

5. — SORBIER DES OISELEURS (*Sorbus aucuparia. Pyrus aucuparia*), $^1/_2$ de grandeur naturelle ; *page* 293.

Arbres

1 Robinier faux acacia 3 Fusain d'Europe
2 Virgilier bois jaune 4 Houx
5 Sorbier des oiseaux

MUSÉUM... PARIS

Vauthier pinx. Paris, Imp.^{ie} de Lemercier r. St Jacques 57. Lemaitre sculp.

ARBUSTES D'ORNEMENT.

1. — DEUTZIA A FEUILLES CRÉNELÉES (*Deutzia scabra. Deutzia crenata*), $^1/_2$ de grandeur naturelle ; *page* 264.

2. — PRUNIER DU JAPON (*Prunus Japonica. Amygdalus pumila*), $^1/_2$ de grandeur naturelle ; *page* 286.

3. — MAHONIE A FLEURS FASCICULÉES (*Mahonia fascicularis*), $^1/_2$ de grandeur naturelle ; *page* 279.

4. — ARBOUSIER (*Arbutus unedo*), $^1/_2$ de grandeur naturelle; *page* 251.

5. — CORONILLE DES JARDINS (*Coronilla Emerus*), $^1/_2$ de grandeur naturelle ; *page* 262.

Arbustes d'ornement.

1. Deutzia scabra.   3. Mahonia fascicularis.
2. Prunus japonica.   4. Arbousier.
5. Coronilla emerus.

Maubert pinx.t   Paris, Imp.rie de Lemercier, r. S.t Jacques, 74.   Lebrun sculp.t

ARBUSTES D'ORNEMENT.

1. — DEUTZIA BLANCHATRE (*Deutzia canescens*), $^2/_3$ de grandeur naturelle ; *page* 264.

2. — KERRIA DU JAPON ou CORÈTE (*Kerria Japonica*), $^2/_3$ de grandeur naturelle ; *page* 275.

3. — BOULE DE NEIGE (*Viburnum opulus*), $^2/_3$ de grandeur naturelle ; *page* 298.

4. — GRENADIER (*Punica granatum*), $^2/_3$ de grandeur naturelle ; *page* 286.

5. — WEIGÉLIA A FLEURS ROSES (*Weigelia rosea*), $^2/_3$ de grandeur naturelle ; *page* 265.

Arbustes d'ornement

1. Deutzia canescens 3. Boule de neige
2. Kerria Japonica 4. Grenadier
5. Weigelia rosea.

ARBUSTES DE PLEINE TERRE.

1. — GROSEILLIER DORÉ (*Ribes aureum*), $^2/_3$ de grandeur naturelle ;
     page 289.

2. — GROSEILLIER SANGUIN (*Ribes sanguineum*), $^2/_3$ de grandeur
     naturelle ; *page* 289.

3. — KETMIE DES JARDINS (*Hibiscus Syriacus. Althea frutex*),
     $^1/_2$ de grandeur naturelle ; *page* 273.

4. — ROSIER INDIEN (*Rosa Indica*), $^1/_2$ de grandeur naturelle ;
     page 290.

5. — COGNASSIER DU JAPON (*Chænomeles. Cydonia Japonica*),
     page 259.

Arbustes de pleine terre.

1. Groseillier doré.   3. Hibiscus syriacus.
2. Groseillier sanguin.   4. Rosa indica.
            5. Coignassier du Japon.

Paris, Imp.r Thierry, Rue St Jacques N.o 70.

ARBUSTES DE PLEINE TERRE.

1. — SUMAC FUSTET (*Rhus cotinus*), $^2/_3$ de grandeur naturelle ; *page* 288.

2. — GENÊT D'ESPAGNE (*Genista juncea. Spartium junceum*), $^2/_3$ de grandeur naturelle ; *page* 271.

3. — POIRIER DE LA CHINE (*Malus spectabilis. Pyrus spectabilis*), $^2/_3$ de grandeur naturelle ; *page* 279.

4. — TROÈNE (*Ligustrum vulgare*), $^2/_3$ de grandeur naturelle ; *page* 277.

5. — AUBÉPINE COMMUNE (*Mespilus oxyacantha*), $^2/_3$ de grandeur naturelle ; *page* 263.

Arbustes de pleine terre.

1. Sumac fustet   3. Pommier de la Chine
2. Spartium d'Espagne   4. Troène
5. Nélitpine

Bouchard pinxt.   Paris Imprimerie Lemercier, r. Seine, 57.   Leroux sculp.

ARBUSTES.

Arbustes
1 Tamarin
2 Vitex agnus castus
3 Robinier hispide
4 Épine vinette
5 Laurier tin

ARBUSTES.

1. — SERINGAT (*Philadelphus coronarius*), $\frac{1}{2}$ de grandeur naturelle; *page* 283.

2. — CORNOUILLER SANGUIN (*Cornus sanguinea*), $\frac{1}{2}$ de grandeur naturelle; *page* 262.

3. — NÉFLIER DU JAPON (*Eriobotrya Japonica*), $\frac{1}{2}$ de grandeur naturelle; *page* 267.

4. — CHALEF A FEUILLES RÉFLÉCHIES (*Elæagnus reflexa*), $\frac{1}{2}$ de grandeur naturelle; *page* 265.

5. — AUCUBA DU JAPON (*Aucuba Japonica*), $\frac{1}{2}$ de grandeur naturelle; *page* 251.

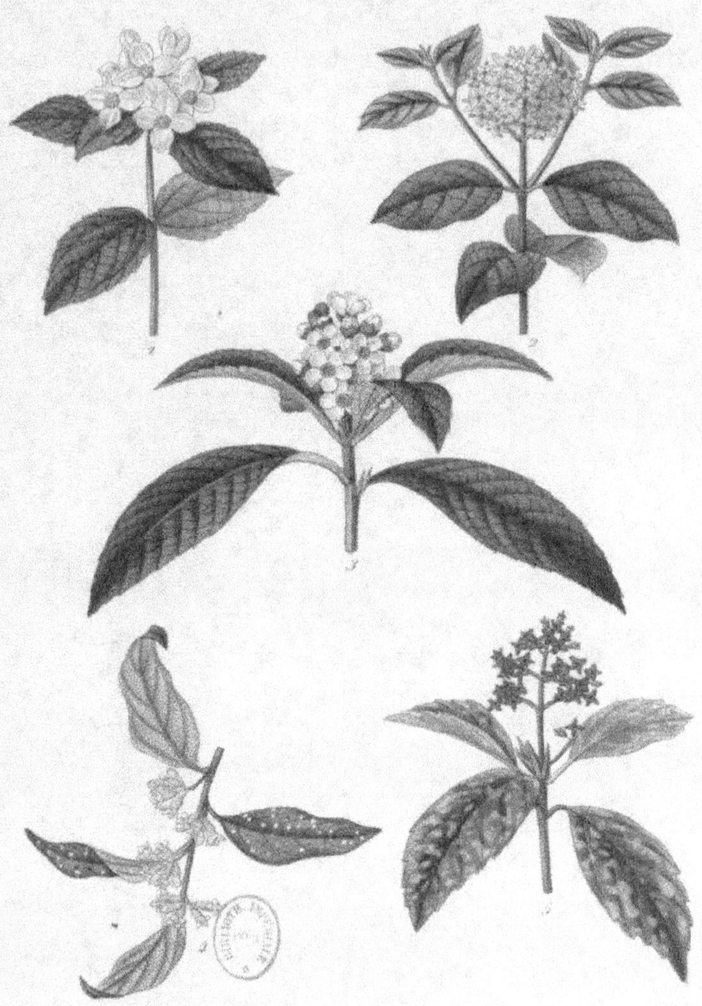

Arbustes

1. Seringat.
2. Cornouiller sanguin.
3. Néflier du Japon.
4. Chalef à f. réfléchies.
5. Aucuba japonica.

Publ. Imp. de Laurent et C.ie à Paris.

ARBUSTES DE TERRE DE BRUYÈRE.

1. — KALMIE A LARGES FEUILLES (*Kalmia latifolia*), ¹/₂ de grandeur naturelle ; *page* 273.

2. — AZALÉE DE L'INDE (*Azalea Indica*), ¹/₂ de grandeur naturelle ; *page* 251.

3. — BRUYÈRE (*Erica*), ¹/₂ de grandeur naturelle ; *page* 266.

4. — CAMELLIA DU JAPON (*Camellia Japonica*), ¹/₀ de grandeur naturelle ; *page* 254.

5. — ROSAGE (*Rhododendron*), ¹/₂ de grandeur naturelle ; *page* 288.

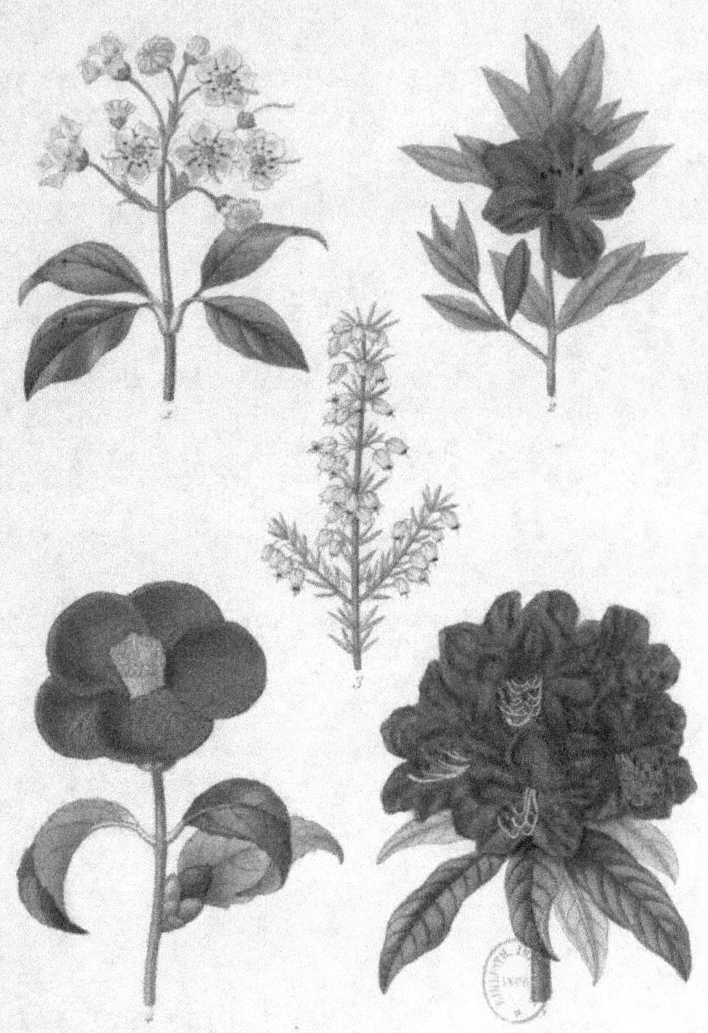

Arbustes de terre de Bruyère.

1. Kalmia latifolia   3. Bruyère
2. Azalea indica   4. Camellia
5. Rhododendrum

ARBRES VERTS.

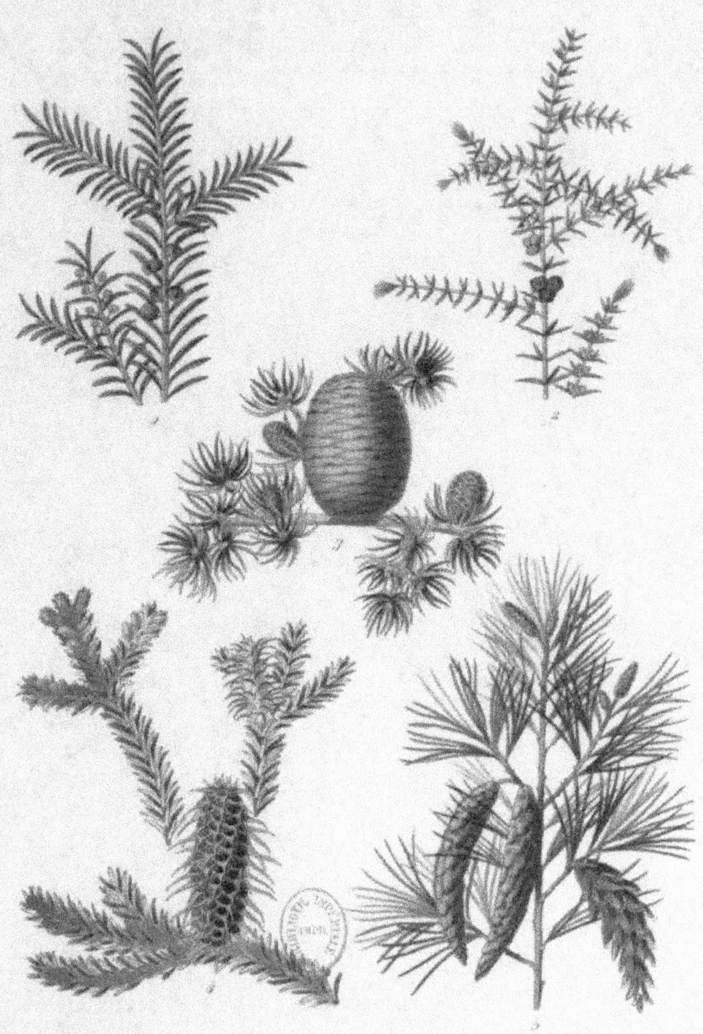

Arbres verts.
1. If. 3. Cèdre du Liban
2. Genévrier. 4. Épicéa.
5. Pin du Nord.

PLANTES DE SERRE.

1. — ARDISIE DU JAPON (*Ardisia Japonica*), $\frac{1}{2}$ de grandeur naturelle; *page* 308.

2. — ARDISIE PANICULÉE (*Ardisia paniculata*), $\frac{1}{2}$ de grandeur naturelle; *page* 308.

3. — ALLAMANDA A FEUILLES DE LAURIER-ROSE (*Allamanda neriifolia*), $\frac{1}{2}$ de grandeur naturelle; *page* 308.

4. — ACHIMÉNÈS A LONGUES FLEURS (*Achimenes longiflora*), $\frac{1}{2}$ de grandeur naturelle ; *page* 307.

5. — ACHIMÉNÈS A FLEURS OUVERTES (*Achimenes patens*), $\frac{1}{2}$ de grandeur naturelle ; *page* 307.

Plantes de serre.

PLANTES DE SERRE.

1. — BANKSIA A FEUILLES EN SCIE (*Banksia serrata*), $^1/_2$ de grandeur naturelle ; *page* 309.

2. — CALADIUM BICOLORE (*Caladium bicolor*), $^1/_2$ de grandeur naturelle ; *page* 310.

3. — BOUGAINVILLÉA FASTUEUX (*Bougainvillea fastuosa*), $^1/_2$ de grandeur naturelle ; *page* 309.

4. — BÉGONIE TOUJOURS FLEURIE (*Begonia semperflorens*), $^1/_2$ de grandeur naturelle ; *page* 309.

5. — BÉGONIE A FEUILLES VARIABLES (*Begonia diversifolia*), $^1/_2$ de grandeur naturelle ; *page* 309.

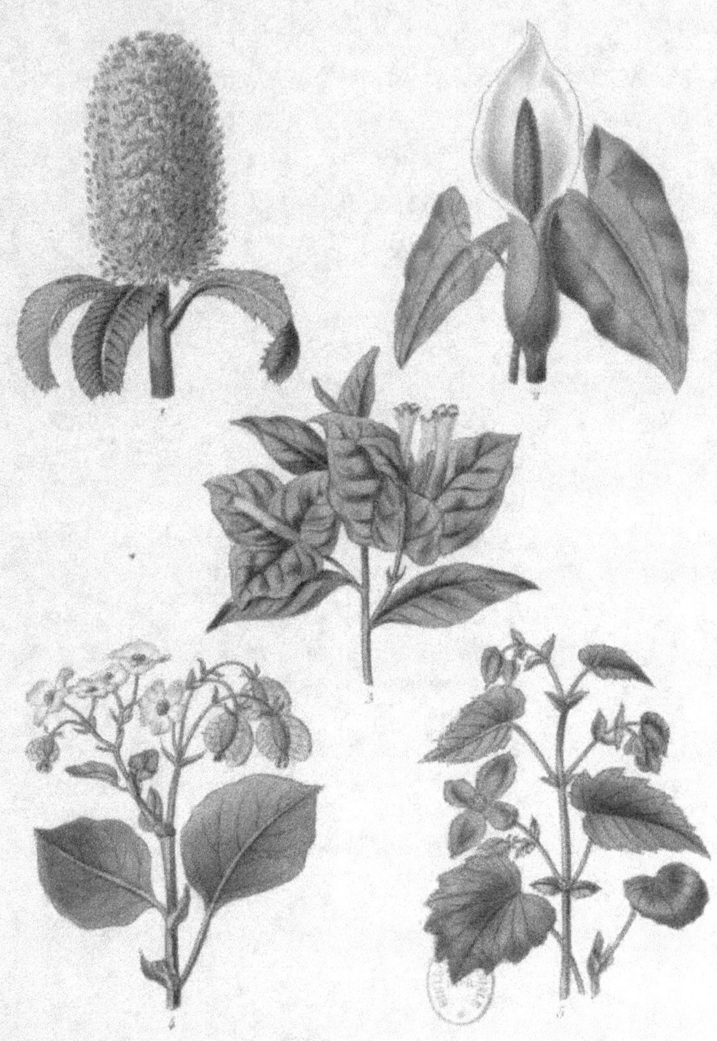

Plantes de serre.

1. Banksia æf.ᵉ ensea.   3. Pasqueville fast.
2. Caladium bicolor.   4. Bégonia toujours fleuri.
5. Bégonia à f.ᵉ variable.

PLANTES DE SERRE.

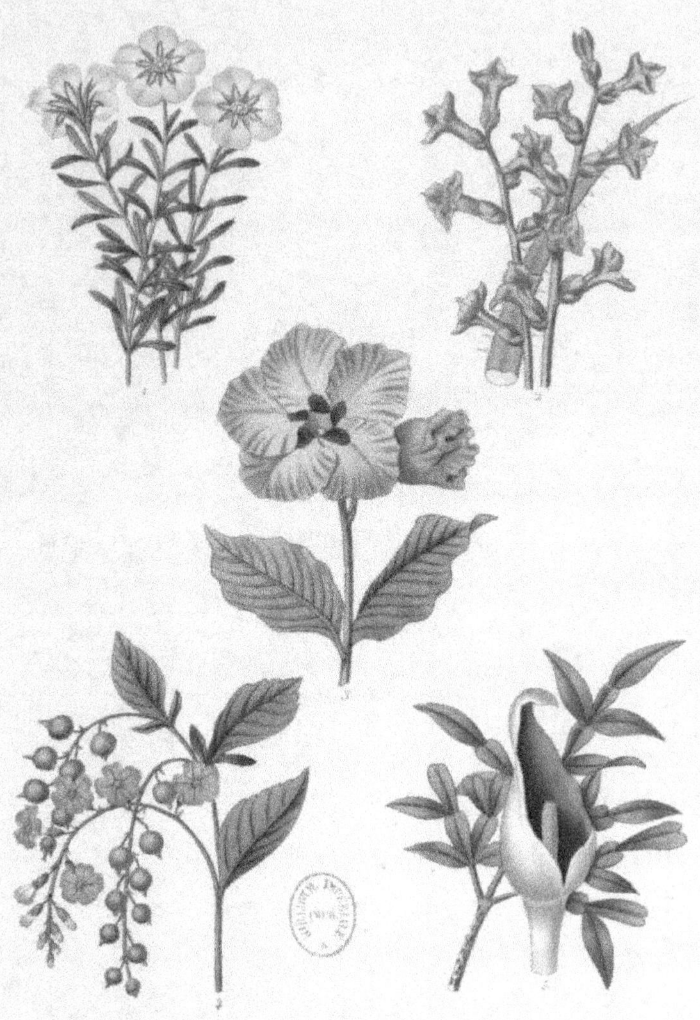

Plantes de serre.
1. Dinsma uniflora   3. Dipladenia de St.
2. Pyokie à fl. distantes   4. Durante de Plumier
5. Leucordium à f.lles nombr.

PLANTES DE SERRE.

1. — ERANTHÈME A FEUILLES NERVÉES (*Eranthemum nervosum*), $\frac{1}{2}$ de grandeur naturelle ; *page* 315.

2. — GESNÉRIE EN OMBELLE (*Gesneria umbellata*), $\frac{1}{2}$ de grandeur naturelle ; *page* 316.

3. — GLOBBA PENCHÉE (*Globba nutans*), $\frac{2}{3}$ de grandeur naturelle ; *page* 316.

4. — JAMBOSE, POMME ROSE (*Eugenia Jambos*), $\frac{1}{2}$ de grandeur naturelle ; *page* 315.

5. — JAMBOSE DE MALACCA (*Eugenia Malaccensis*), $\frac{1}{2}$ de grandeur naturelle ; *page* 316.

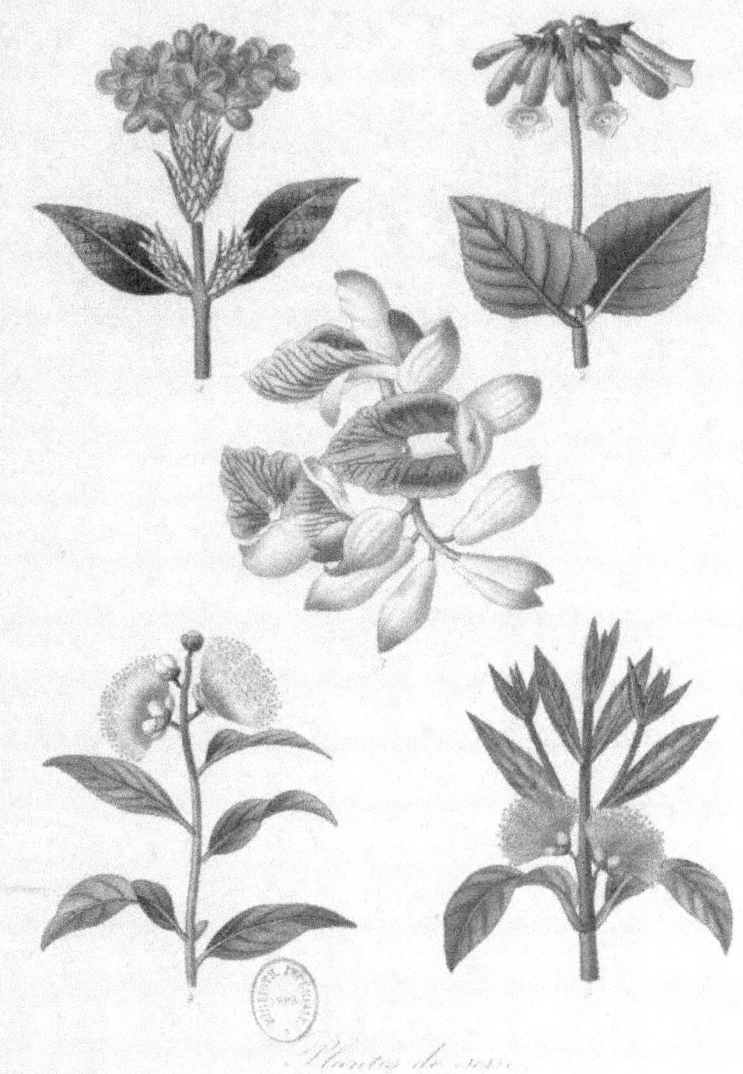

Plantes de serre.

PLANTES DE SERRE.

1. — GANDASULI DE GARDNER (*Hedychium Gardnerianum*), $^2/_3$ de grandeur naturelle ; *page* 319.

2. — GANDASULI ORANGÉ (*Hedychium angustifolium*), $^2/_3$ de grandeur naturelle ; *page* 319.

3. — IPOMÉE A FEUILLES DIGITÉES (*Ipomœa digitata*), $^2/_3$ de grandeur naturelle ; *page* 319.

4. — INGA ANOMAL ou A GRANDES FLEURS (*Inga anomala*), $^1/_2$ de grandeur naturelle ; *page* 319.

5. — INGA SUPERBE (*Inga pulcherrima*), $^1/_4$ de grandeur naturelle ; *page* 319.

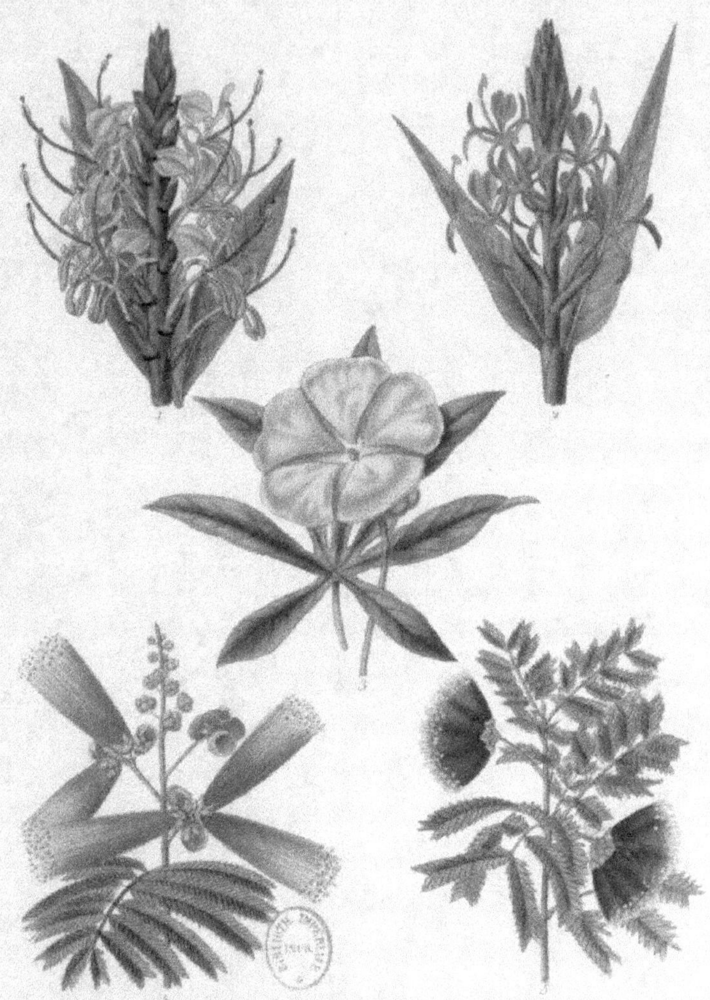

Plantes de serre.

1. Gandasule de Gardner   3. Ipomée à f.ttes digitées
2. Gandasule orangé   4. Inga inerme à gr.des fl.
5. Inga superbe.

Maubert pinx.   Imp. Lemercier & C.ie, Jacquier r. Paris.   Oudet sculp.

PLANTES DE SERRE.

1. — GIROFLIER (*Caryophyllus aromaticus*), $\frac{1}{2}$ de grandeur naturelle; *page* 310.

2. — DIONÉE ATTRAPE-MOUCHE (*Dionea muscipula*), $\frac{1}{2}$ de grandeur naturelle ; *page* 313.

3. — SAINFOIN OSCILLANT (*Desmodium gyrans*), $\frac{1}{2}$ de grandeur naturelle ; *page* 313.

4. — CAROLINEA DE CAYENNE (*Carolinea princeps. Pachira aquatica*), $\frac{1}{2}$ de grandeur naturelle ; *page* 310.

5. — CAROLINEA SUPERBE (*Carolinea insignis. Pachira insignis*), $\frac{1}{2}$ de grandeur naturelle ; *page* 310.

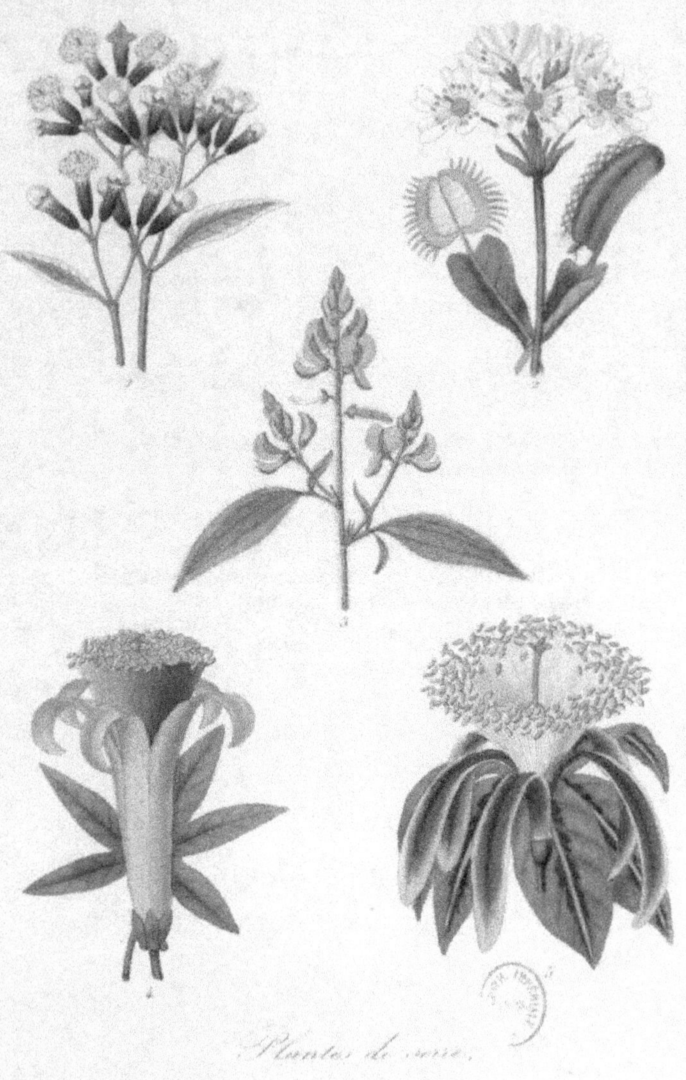

Plantes de serre.

1. Giroflée.   3. Sainfoin oscillans.
2. Pivoine en arbre moucheté.   5. Caroliniera de Cayenne.
6. Caroliniera superbe.

PLANTES DE SERRE.

1. — GRÉVILLÉE A FEUILLES DE ROMARIN (*Grevillea rorismari-nifolia*), $\frac{1}{2}$ de grandeur naturelle ; *page* 317.

2 — GRÉVILLÉE ROBUSTE (*Grevillea robusta*), $\frac{1}{2}$ de grandeur naturelle ; *page* 317.

3. — HABROTHAMNE ÉLÉGANT (*Habrothamnus elegans*), $\frac{1}{2}$ de grandeur naturelle ; *page* 318.

4. — GUZMANIE TRICOLORE (*Guzmannia tricolor*), $\frac{1}{2}$ de grandeur naturelle ; *page* 317.

5. — GLOXINIE MACULÉE (*Gloxinia maculata*), $\frac{1}{2}$ de grandeur naturelle , *page* 317.

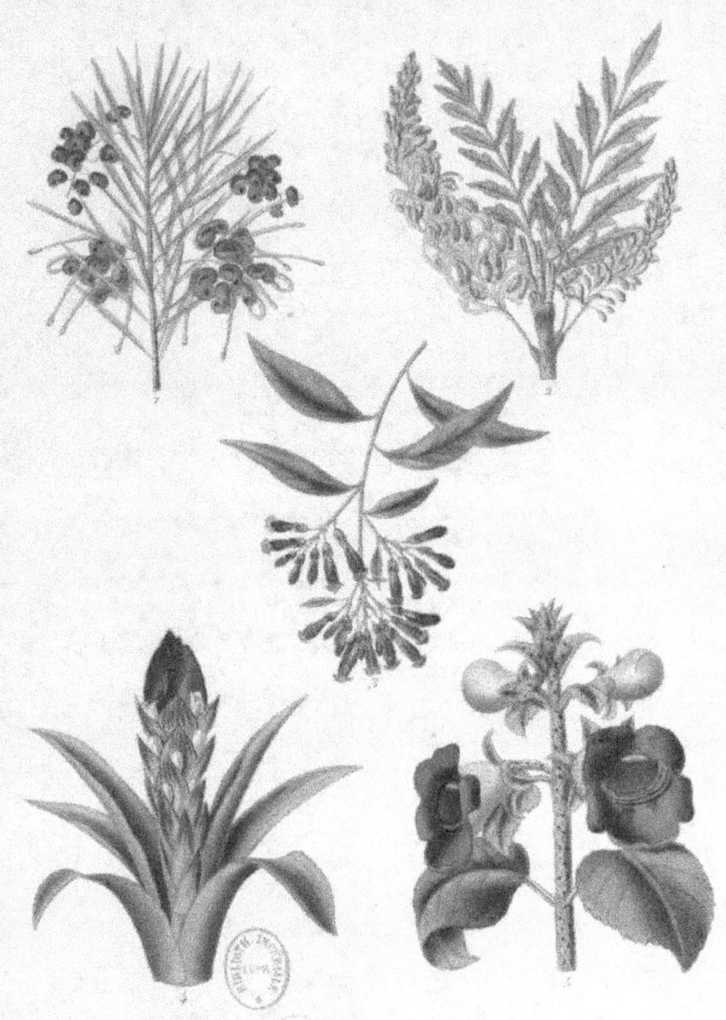

Plantes de serre.

1. Grévillée à f.^{lles} de romarin   3. Habrothamne élégant
2. Grévillée robuste   4. Gesnérie tricolore
5. Gloxinie maculée

PLANTES DE SERRE.

1. — JASMIN D'ARABIE (variété) (*Jasminum Sambac*), $^2/_3$ de grandeur naturelle ; *page* 319.

2. — MANIOC ou CASSAVE (*Manihot edulis. Jatropha Manihot*), $^2/_3$ de grandeur naturelle ; *page* 320.

3. — MÉDICINIER (*Jatropha acuminata*), $^2/_3$ de grandeur naturelle ; *page* 320.

4. — CARMANTINE ROUGE (*Justicia quadrifida*), $^2/_3$ de grandeur naturelle ; *page* 320.

5. — CARMANTINE PEINTE (variété) (*Justicia picta*), $^2/_3$ de grandeur naturelle ; *page* 320.

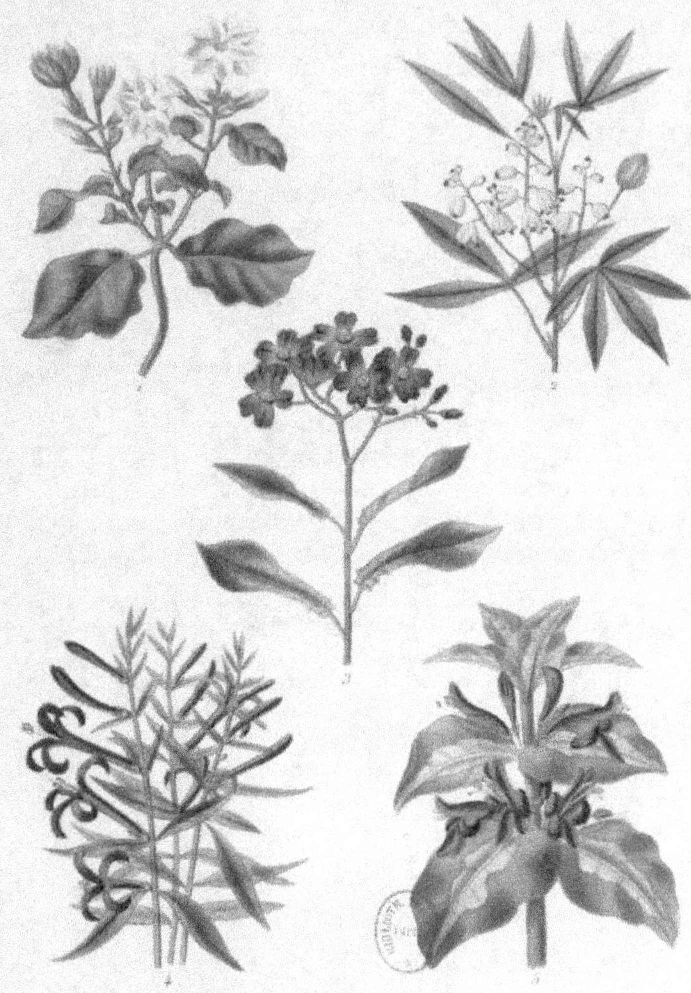

Plantes de serre.
1. Jasmin d'Arabie   3. Médinier
2. Manioc   4. Carmantine rouge
5. Carmantine peinte

PLANTES DE SERRE.

1. — KEMPFÉRIE A FEUILLES LONGUES (*Kæmpferia longa*), $^1/_2$ de grandeur naturelle ; *page* 320.

2. — PASSIFLORE ÉCARLATE (*Passiflora coccinea*), $^1/_2$ de grandeur naturelle ; *page* 323.

3. — FRANGIPANIER (*Plumeria rubra*), $^1/_2$ de grandeur naturelle ; *page* 324.

4. — PROTÉE ARGENTÉE (*Protea argentea. Leucadendron argenteum*), $^1/_2$ de grandeur naturelle ; *page* 324.

5. — PROTÉE LAGOPÈDE (*Protea lagopus*), $^1/_2$ de grandeur naturelle ; *page* 324.

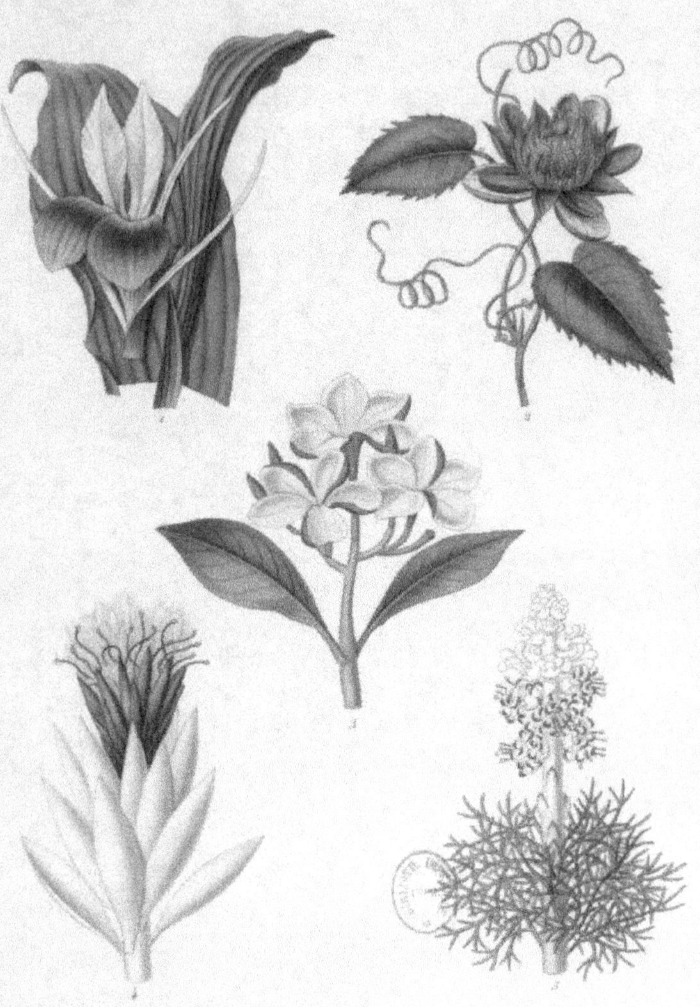

Plantes de serre.

1. Kæmpferie à f.tes longues. 3. Frangipanier
2. Passiflore écarlate. 4. Protée argentée
5. Protée Lagopède

Redouté pinx. — Imp. Lemercier et C.ie Bénard, à Paris — Dubreg sculp.

PLANTES DE SERRE.

Plantes de serre.
1. Rivine .... 3. Strelitzia de la Reine
2. .... 4. ....
5. Gesnerie

NOTIONS GÉNÉRALES D'HORTICULTURE
D'ORNEMENT

MARCOTTES ET BOUTURES.

1. — Marcottage en l'air, de plante grimpante, à l'aide d'un pot fendu sur le côté, et d'un support élevé ; *page* XXXIII des Notions générales.

2. — Marcottage double, en l'air, à l'aide de trois pots dont deux suspendus et fixés à l'aide de montants ; *page* XXXIII.

3. — Marcottage par cépée et en terrine ayant au fond un orifice, d'après Thoüin ; *page* XXXIV.

4. — Rameau sur lequel on a pratiqué l'incision annulaire ; *page* XL.

5. — Rameau d'Œillet incisé et disposé pour marcotte ; *pages* XXXV et suivantes.

6. — Écaille d'un oignon de Lis blanc à l'extrémité de laquelle s'est formé un bourgeon adventif (Caïeu) ; *pages* XXVII, XLVIII et LII.

7. — Bouture à l'aide d'un rameau souterrain (Oxalis) ; *page* XLVIII.

8. — Bouture de Laurier-Rose, faite dans un bocal rempli d'eau ; *page* XLIX.

9. — Rameau de Muflier préparé pour bouture ; *pages* XLVII et L.

10. — Tronçon de Rosier pour bouture ; *page* XLVIII.

11. — Portion de rameau de Glycine pour bouture ; *page* XLVI.

12. — Feuille de Gloxinia coupée en 4 pour bouture (Formation de bourrelets) ; *page* LII.

13. — Bouture de Rosier par tronçon de Rameau à un œil enterré. Dans cette bouture le tronçon doit être couché horizontalement et légèrement recouvert de terre ; *pages* XLVII et XLVIII.

14. — Portion de rameau de Dracœna ou Dragonier préparé pour bouture, dite bouture de rameau à deux feuilles ; *pages* LI et LII.

15. — Bouture de Rosier avec tronçon de rameau un peu long, piqué en terre comme bouture ordinaire, l'œil se trouvant hors du sol ; *page* XLVII.

16. — Feuille de Bégonia appliqué sur le sol et maintenu par des baguettes et des crochets ; des incisions faites sur les nervures de l'une ou l'autre face donnent naissance à des bourrelets ; *page* LII.

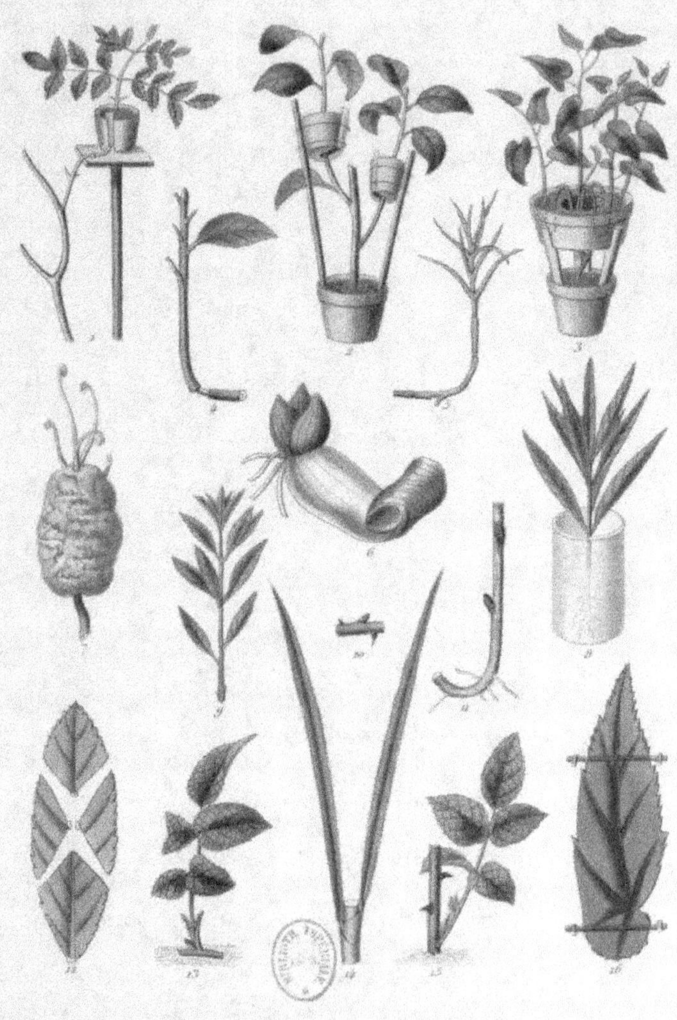

Marcottes et Boutures

Riocreux pinx.   Impr. Lemercier r. St Jacques à Paris.   Hébert sculp.

NOTIONS GÉNÉRALES D'HORTICULTURE
D'ORNEMENT

GREFFES

---

1. — Sujets préparés pour la greffe en approche (Camellia); *page* LVII des Notions générales.

2. — Greffe en approche (Camellia); *page* LVII.

3. — Rameau de Dahlia préparé pour greffe; *page* LVIII.

4. — Greffe du Dahlia sur tubercules; *pages* LVIII et suivantes.

5. — Greffe en fente sur racines; *page* LIX.

6 et 6 bis. — Préparation pour la greffe en placage (Azalée); *page* LXI.

7. — Greffe en placage achevée (Azalée); *pages* LX et LXI.

8. — Écusson de Rosier préparé et vu de profil; *page* LIX.

9. — Rameau de Rosier sur lequel on a pratiqué l'incision en T pour recevoir l'écusson; *pages* LIX et LX.

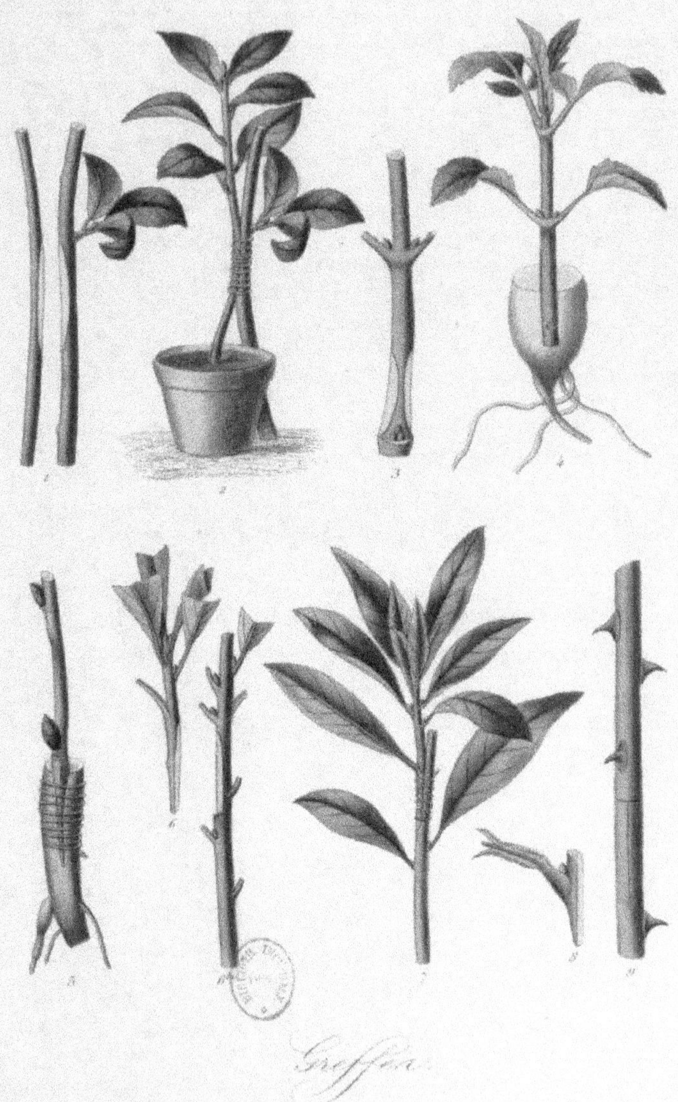

Maubert pinx.   Imp. Lemercier, Paris   Perre sculp.

TABLE

DES PLANCHES ET DES FIGURES DE L'ATLAS

DES VÉGÉTAUX D'ORNEMENT

BIBLIOTHÈQUE IMPÉRIALE

www.ingramcontent.com/pod-product-compliance
Lightning Source LLC
LaVergne TN
LVHW011956180726
843502LV00005B/1441